中华医学会灾难医学分会科普教育图书

图说灾难逃生自救丛书

雪灾

丛书主编　刘中民

分册主编　周荣斌

绘　图
11m数字出版

人民卫生出版社

丛书编委会

王一镗　　王立祥　　叶泽兵　　田军章　　刘中民　　刘晓华

孙志杨　　孙海晨　　李树峰　　邱泽武　　宋凌鲲　　张连阳

周荣斌　　单学娴　　宗建平　　赵中辛　　赵旭东　　侯世科

郭树彬　　韩　静　　樊毫军

雪灾无情要谨防，自救常识永不忘。

心有远虑消近忧，提前知晓帮大忙。

序 一

我国地域辽阔，人口众多。地震、洪灾、干旱、台风及泥石流等自然灾难经常发生。随着社会与经济的发展，灾难谱也有所扩大。除了上述自然灾难外，日常生产、生活中的交通事故、火灾、矿难及群体中毒等人为灾难也常有发生。中国已成为继日本和美国之后，世界上第三个自然灾难损失严重的国家。各种重大灾难，都会造成大量人员伤亡和巨大经济损失。可见，灾难离我们并不遥远，甚至可以说，很多灾难就在我们每个人的身边。因此，人人都应全力以赴，为防灾、减灾、救灾作出自己的贡献成为社会发展的必然。

灾难医学救援强调和重视"三分提高、七分普及"的原则。当灾难发生时，尤其是在大范围受灾的情况下，往往没有即刻的、足够的救援人员和装备可以依靠，加之专业救援队伍的到来时间会受交通、地域、天气等诸多因素的影响，难以在救援的早期实施有效救助。即使专业救援队伍到达非常迅速，也不如身处现场的人民群众积极科学地自救互救来得及时。

为此，中华医学会灾难医学分会一批有志于投身救援知识普及工作的专家，受人民卫生出版社之邀，编写这套《图说灾难逃生自救丛书》，本丛书以言简意赅、通俗易懂、老少咸宜的风格，介绍我国常见灾难的医学救援基本技术和方法，以馈全国读者。希望这套丛书能对我国的防灾、减灾、救灾工作起到促进和推动作用。

刘中民 教授

同济大学附属上海东方医院院长

中华医学会灾难医学分会主任委员

2013 年 4 月 22 日

序 二

　　我国现代灾难医学救援提倡"三七分"的理论：三分救援，七分自救；三分急救，七分预防；三分业务，七分管理；三分战时，七分平时；三分提高，七分普及；三分研究，七分教育。灾难救援强调和重视"三分提高、七分普及"的原则，即要以三分的力量关注灾难医学专业学术水平的提高，以七分的努力向广大群众宣传普及灾难救生知识。以七分普及为基础，让广大民众参与灾难救援，这是灾难医学事业发展之必然。也就是说，灾难现场的人民群众迅速、充分地组织调动起来，在第一时间展开救助，充分发挥其在时间、地点、人力及熟悉周围环境的优越性，在最短时间内因人而异、因地制宜地最大程度保护自己、解救他人，方能有效弥补专业救援队的不足，最大程度减少灾难造成的伤亡和损失。

　　为做好灾难医学救援的科学普及教育工作，中华医学会灾难医学分会的一批中青年专家，结合自己的专业实践经验编写了这套丛书，我有幸先睹为快。丛书目前共有 15 个分册，分别对我国常见灾难的医学救援方法和技巧做了简要介绍，是一套图文并茂、通俗易懂的灾难自救互救科普丛书，特向全国读者推荐。

王 一 镗

南京医科大学终身教授

中华医学会灾难医学分会名誉主任委员

2013 年 4 月 22 日

前　言

　　雪，是冬季常见的自然景象。我们喜欢它"千树万树梨花开"的美丽，期待它"瑞雪兆丰年"的收获，却又不得不承受它带来的种种灾难性的后果。

　　雪灾是因为长时间大量降雪，最终造成大范围积雪成灾。在生活中，雪灾可给我们带来各种不便，甚至威胁到人身及财产安全。

　　雪灾虽具有不可抗性，但若我们能充分了解雪灾知识，做好预防，在发生雪灾时，通过科学的逃生方法，采取积极有效的自救、互救措施，迅速脱离险境，就可以把雪灾危害降到最低。

　　我们精心制作了《图说灾难逃生自救丛书：雪灾》分册，希望通过我们的努力，让更多的人掌握逃生避险、自救互救的知识和方法。

　　衷心祝福广大读者平安、健康、幸福！

周荣斌

北京军区总医院

2014 年 4 月 10 日

目　录

小常识

根据我国积雪稳定程度,积雪分为5种类型:

(1)永久积雪:降雪积累量大于当年消融量,积雪终年不化。

(2)稳定(连续)积雪:空间分布和积雪时间(60天以上)都比较连续的季节性积雪。

(3)不稳定(不连续)积雪:空间上积雪不连续,多呈斑状分布;时间上积雪日数为10~60天,且时断时续。

(4)瞬间积雪:主要发生在我国华南、西南地区,这些地区平均气温较高,但在季风特别强盛的年份,因寒潮或强冷空气侵袭,发生大范围降雪,但很快消融,使地表出现短时(一般不超过10天)积雪。

(5)无积雪:除个别海拔高的山岭外,多年无降雪。

雪灾是由于长时间、大规模量降雪以致积雪成灾,影响人们正常生活的一种自然灾害现象。雪灾离我们并不遥远,我国几乎每年都要发生,主要发生在稳定积雪地区和不稳定积雪山区,偶尔出现在瞬间积雪地区。2008年发生在我国的特大雪灾,波及面之广、危害之大,史上罕见。我们需了解雪灾的一些基本常识,以便雪灾发生时自救、互救。

雪 灾 常 识

　　雪灾又称为白灾，是长时间大量降雪造成大范围积雪成灾的自然现象。

　　雪灾具有季节性、突发性、潜在性和区域性等特点。雪灾不仅发生在北方，南方也时有发生，主要集中在当年 12 月至次年 2 月。南方寒潮与北方不同，在寒冷的同时还因为气候潮湿，显得格外寒冷。

　　根据形成的条件、分布的范围和表现的形式，雪灾分为三种类型：雪崩、风吹雪灾害（风雪流）和牧区雪灾。

　　根据气候规律，雪灾分为两类：猝发型和持续型。猝发型雪灾发生在暴风雪天气过程中或以后，在几天内保持较厚的积雪，对牲畜构成威胁，多见于深秋和天气多变的春季。持续型雪灾的积雪厚度随降雪逐渐加厚，密度逐渐增加，稳定积雪时间长，危害牲畜可从当年秋末一直持续到第二年的春季。

　　雪灾是我国常见的一种自然灾害，其不仅会引起人的身体不适，如雪盲症和冻伤，还会给农业、畜牧业等带来严重的损失，更为严重的是可发生雪崩。为了您的生命财产安全，我们需要更多地了解有关雪灾的常识，避免伤害和悲剧的发生。

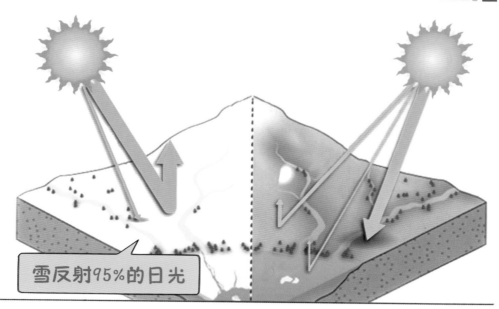

雪反射95%的日光

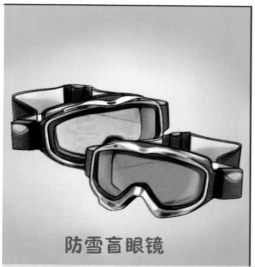

防雪盲眼镜

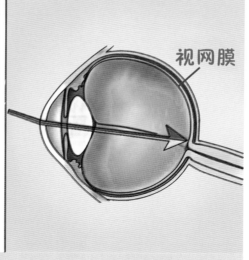

视网膜

雪盲症

　　雪盲症是指由于眼睛视网膜受到强光刺激引起的暂时性失明。雪地对日光的反射率极高,可达到近 95%,直视雪地如同直视阳光。若是艳阳天在雪地中活动,数小时之内即可造成严重的雪盲。雪盲的症状为眼睛发红、流眼泪、疼痛,感觉眼睛好像充满了沙尘,对光线非常敏感,甚至难以睁开眼睛等。

　　2008 年 1 月中旬到 2 月初,青海特大雪灾造成青海省藏区 1.65 万名藏族群众患雪盲症。

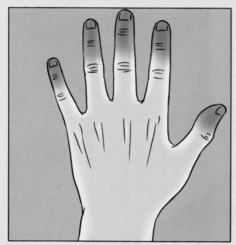
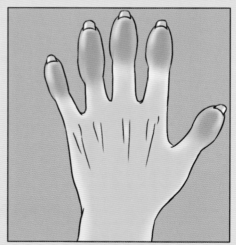
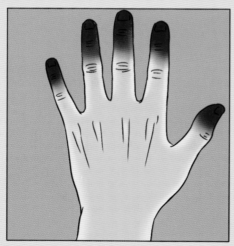
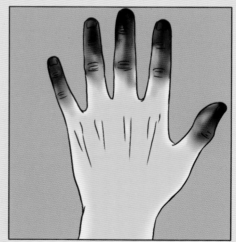

冻伤

冻伤是一种由寒冷所致的肢体末梢局限性炎性皮肤病，是一种冬季常见病，以暴露部位出现充血性水肿红斑，遇温度升高时皮肤瘙痒为特征，严重者患处皮肤糜烂、溃疡。

2006 年 12 月 30 日至 2007 年 1 月 13 日，持续 10 多天的降雪，导致新疆阿勒泰大部分地区的最低气温降至 −30℃，造成 5000 多人冻伤。

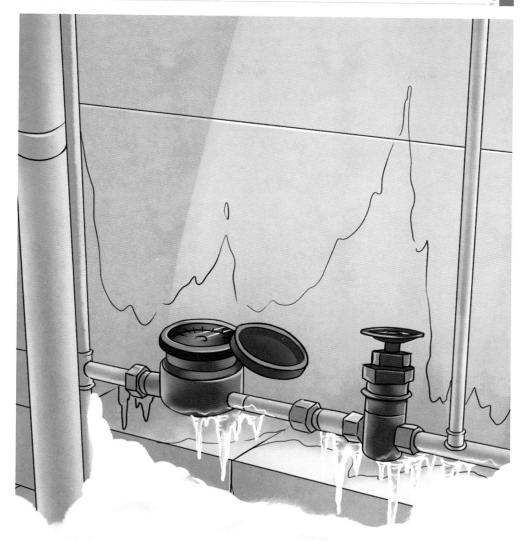

供水系统破坏

雪灾可使供水管道封冻破裂，引发停水。

2010 年 12 月 31 日至 2011 年 1 月 4 日期间，四川黔江地区有 3000 余只水表被冻坏，1.2 万户农户处于停水状态。

电力和通信设施破坏

电线断裂,电塔倒塌,大范围停电,电力瘫痪。移动通信中断,固定通信也受到影响。

2008 年我国因大范围雪灾导致电力设施损毁严重,13 个省(区、市)输配电系统受到影响,170 个县(市)的供电被迫中断,3.67 万条线路停止运行、2018 座变电站停止工作。

交通破坏

　　雪灾导致路滑和道路损坏造成的伤害增加，其中最主要的伤害是跌倒坠落和交通事故；高速公路大范围瘫痪，民航、列车大范围停运；因为交通不畅，导致部分公共场所，如车站、机场等人员滞留。

　　2008年1月中旬至2月上旬，我国南方连续发生低温雨雪冰冻天气，以致各地火车站滞留数十万人。

畜牧业危害

　　积雪掩盖草场或者雪面覆冰形成冰壳，牲畜难以扒开雪层吃草，造成饥饿，有时冰壳还易划破羊和马的蹄腕，造成冻伤，致使牲畜瘦弱，常常造成牧畜流产，仔畜成活率低，老弱幼畜饥寒交迫，死亡增多。

　　1996 年 1 月，青藏高原牧区出现了历史上罕见的雪灾和低温冻害，给当地的经济建设和人们的生命财产造成了严重的损失。

对农业的危害

　　降雪压垮温室大棚，或因长期阴天降雪缺乏日照使大棚温度过低，影响蔬菜、水果的产量和品质。雪天交通不便，使时鲜农产品得不到及时收购和外运，造成产品积压甚至变质，影响经济效益。

　　1987年6月5日河北张家口地区突降大雪，气温骤降了21℃，致使46万亩农作物遭受灭顶之灾，7月该区部分县又降霜，使数万亩的山药、芸豆、瓜菜等几乎绝收。

雪崩

  雪崩是大量的冰和雪沿着陡峭的山坡快速下降的自然现象,其速度可达到每小时上百千米。雪崩具有一定的能量,它能够破坏建筑物,造成人员伤亡和财产损失。

  20 世纪 90 年代末,欧洲遭遇 50 年以来最大的降雪,一系列大雪崩的爆发摧毁了高山地区几乎所有的村庄和度假胜地,造成 200 多人死亡,导致当地许多行业遭到打击。

雪灾的蓝色预警信号

标准：12 小时内降雪量将达 4 毫米以上，或者已达 4 毫米以上且降雪持续，可能对交通或者农牧业有影响。

雪灾的黄色预警信号

标准：12小时内降雪量将达6毫米以上，或者已达6毫米以上且降雪持续，可能对交通或者农牧业有影响。

雪灾的橙色预警信号

标准：6 小时内降雪量将达 10 毫米以上，或者已达 10 毫米以上且降雪持续，可能或者已经对交通或者农牧业有较大影响。

雪灾的红色预警信号

  标准:6 小时内降雪量将达 15 毫米以上,或者已达 15 毫米以上且降雪持续,可能或者已经对交通或者农牧业有较大影响。

雪灾防范

在我国，东北、华北和西北地区通称为寒区，此地区有着较低的气温、较长的雪期、较大的温差。所以，做好雪灾各种伤害的预防工作、采取有效的措施以及制订应急预案是减少雪灾危害的重要保证。做好灾前的防范措施，能够在灾情来临时，缩短救援时间，加快救援速度，并能最大程度地减少灾害损失。

暴雪预警

　　①政府及有关部门按照职责做好防雪灾和防冻害准备工作；②交通、电力、通信等部门应当进行公路、铁路、线路巡查维护，做好道路清扫和积雪融化工作，必要时飞机暂停起降，火车暂停运行，高速公路暂时封闭；③行人注意防寒、防滑，驾驶人员小心驾驶，车辆应当采取防滑措施；④农牧区要储备饲料，做好防雪灾和防冻害准备；⑤加固棚架等易被雪压的临时搭建物；⑥减少不必要的户外活动，必要时停课、停业。

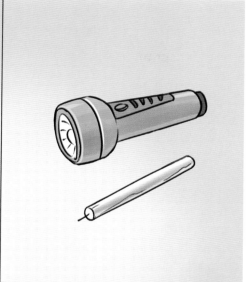

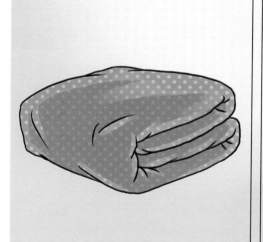

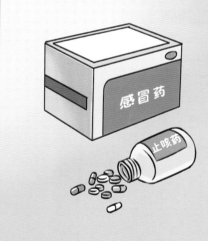

城市居民如何应对雪灾带来的灾害

（1）家中可提前准备好可供几天使用的干净水、食物和各种常用的药品等。

（2）准备好足够御寒的衣物和被褥。

（3）准备可供照明使用的蜡烛、手电筒(最好带电池)等。

（4）准备好能够御寒、防滑的鞋子和雪具，必要时，还可以准备能护着眼睛、耳朵、鼻子和嘴巴的御寒物。

防范交通事故

（1）在雪天开车时，最要紧的是要开慢车，并与前车保持安全距离。

（2）在出行时，要听从交警指挥，遵守交通规则。

（3）遇到冰面，最好下车推行。

（4）行人应远离机动车道，选择没有冰面的地方行走，切忌提重物，走路时双手最好不要放在衣兜里，双手来回摆动能使身体保持平衡。

（5）如不慎滑倒，要用手及肘撑地，以减轻身体撞向地面的冲击力，避免碰伤脑部等重要部位。

（6）老年人，或者是骨质疏松的病人，雪天尽可能不要出门。

（7）若出门应穿防滑的平底鞋，不要穿高跟鞋，以防滑倒。

（8）骑自行车的学生上路前要适当地将轮胎少量放气，以使地面与轮胎接触面增加、摩擦力增大，这样就不易打滑。

在平房居住的居民遇到大雪怎么办

（1）当接到大雪黄色预警之后，居住在平房的居民应备足饮用水，并用棉布保护好室内外水管，防止冰冻。

（2）加固平房屋脊，防止被积雪压塌。出现风雪时，不要顶着大风修理屋顶，否则容易发生危险。

（3）取暖时应防止煤气中毒：由于大雪覆盖，可引起煤烟倒灌，引发煤气中毒。

（4）防止触电：平房居民应小心电线被风刮断或被雪压断，走路时应绕开掉落的电线。

驾车外出前要做的准备工作

（1）要将油箱加满油。

（2）使用雪地轮胎防滑链。

（3）最好将你的目的地、计划行车路线、备用路线以及预计到达时间等告知亲朋好友，尽量不要一个人出行。

（4）出行时，携带指南针和所有可能用到的地图。

雪灾时种植大棚的防护措施

（1）在风雪到来之前检查大棚是否完好，要及时修补塑料薄膜上的破洞，防止冷空气侵入。

（2）用土把塑料薄膜与地面相接的边缘压实。

（3）在大棚北面用秸秆堆成防风屏障，帮助抵挡寒风。

（4）在大棚顶上盖上草帘，也可以起到一定的保温作用。

（5）加固对大棚的支撑，防止大棚因积雪重负而倒塌。

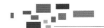

（6）对积雪较厚的大棚应及时清扫，最好做到随下随清，防止积雪压塌大棚。

（7）开沟排湿，加盖小拱棚或地膜，可以增加植株生长小环境和地湿，提高抗寒能力。

（8）为了防止降雪增加棚顶的压力，大棚顶部的坡面不要太缓。

农场、牧场面对雪灾时的防护措施

（1）因雪灾受到威胁的农牧民要将牲畜转移至安全地方，防止次生灾害的发生。

（2）抢修被刮倒的电线杆和被毁坏的电力设施。

（3）清理水渠。

（4）相关部门应及时向受灾群众发放粮食、毛毯（棉被）等紧急救灾物资。

雪崩伤害的防范

（1）进入积雪较厚的山区，应携带雪崩逃生绳。

（2）进入积雪山区，避免发出剧烈振动和声响，如打枪、放音乐及高声吼叫等。

（3）进入积雪山区，最好不要单独行动，也不要挤在一起，应保持安全距离。

（4）注意雪崩的先兆：听到冰雪破裂声或低沉的轰鸣声，或看到雪球下滚、山上有云状的灰白尘埃等。

雪 灾 自 救

　　雪灾通常发生在特殊地区、环境和时节，例如严寒、低温、高山和降雪地区。一旦进入这些地区后，我们就要警惕、防范雪灾。在这些地区的常住居民，要学习雪灾的防范和自救知识，每当降雪季节来临，要做好防灾准备。

发生雪盲症时的自救

（1）可以用眼罩、干净的纱布覆盖眼睛，减少用眼，不要勉强用眼。

（2）用安全的药水清洗眼睛，以防感染。将毛巾在冷水中冰镇后敷在眼睛上，一定不要热敷，高温只会弄巧成拙，加剧眼睛的疼痛，症状严重者尽快就医。

（3）缓解雪盲的症状需要良好的环境，完全恢复需要5~7天。

摔伤后的自救措施

（1）摔倒后不要急于起身，应当首先判断受伤部位，查看是否是大腿、腰部或者手腕摔伤。

（2）如果大腿和手腕疼痛，可以勉强活动；如果腰部疼痛，千万不要随意乱动。此时应尽快呼救，或拨打120求助。

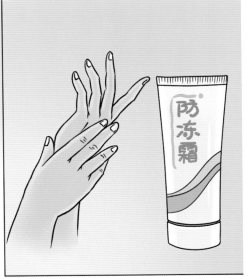

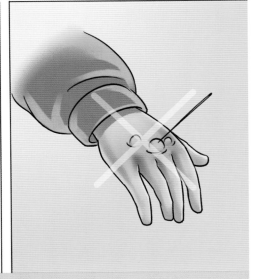

外出旅游遇到暴风雪的自救方法

（1）要多穿衣服保暖。

（2）脸、耳、鼻、手等裸露部位要涂擦防冻油膏，鞋袜不要穿得太紧。

（3）途中休息时要勤换鞋袜，多用温水洗脚。

（4）切忌在饥饿和疲劳状态下去野外旅行。

（5）发生冻疮时应让水疱自行破溃，不能故意弄破，水疱破后应消毒。

（6）风雪中行进应借助指南针或太阳东升西降规律来辨清方向，以免迷路。

登山时遇到暴风雪的自救方法

（1）临时躲在与雪峰垂直的雪洞中，不可用木炭起火或火炉，以免引起一氧化碳中毒。

（2）避免盲目在山上奔波，保持体力，防止过度疲劳。保持休息地干燥，防止体温过低。

（3）积极与山下大本营联系求救。

被暴风雪困在车里的自救方法

（1）待在车里，不要离开：如果不能清楚地看到目的地，或者目的地不能轻易到达，一定不要离开车。

（2）尽量让车子很显眼：可以在长棍或天线上系上红布，让红布在高空飘动。晚上让车内顶灯亮着，如果有车外顶灯，晚上引擎运转时把它打开或将强灯手电打开吸至车顶。

（3）每小时开动引擎不超过 10 分钟，保持暖气开放：引擎运转时，需打开点窗户，释放一氧化碳。

（4）要活动身体，保持温暖：跺脚、拍手、摇动胳膊，尽量用力地活动脚趾和手指。

（5）保持清醒，不要睡觉：听收音机、唱歌，以此来克服想要睡觉的想法，当然发出声响时也应确保周围没有引起雪崩的可能。

野外遇到风雪的自救方法

（1）如果在乘车时发生积雪封堵现象，要立即用移动电话等通信工具向交通管理部门求救。

（2）设法向有公路的方向靠近，向过往车辆求救。

（3）见到救援人员，可利用声音求救，如大声呼喊，也可借助其他物品发出声响求救，如棍子、罐头盒等。

（4）在救援人员到来之前要尽可能地保存体力。

（5）在白天，利用现场可用的材料，如石头、树枝等物品摆出 SOS 求救信号。

　　（6）如果在茫茫雪海，可点燃树枝，在火堆上放上潮湿的柴草，保证让其冒烟；夜晚可放一些干柴，火越旺越好。

　　（7）可将火堆摆成三角形，各堆之间等距离，三堆火是国际上通用的求救信号。

（8）可用脚在雪地上踩出或用石头等摆出"FILL"地对空求救信号，这是国际通用的紧急求救信号。注：各字母长 10 米，宽 3 米，字母间距宽 3 米。

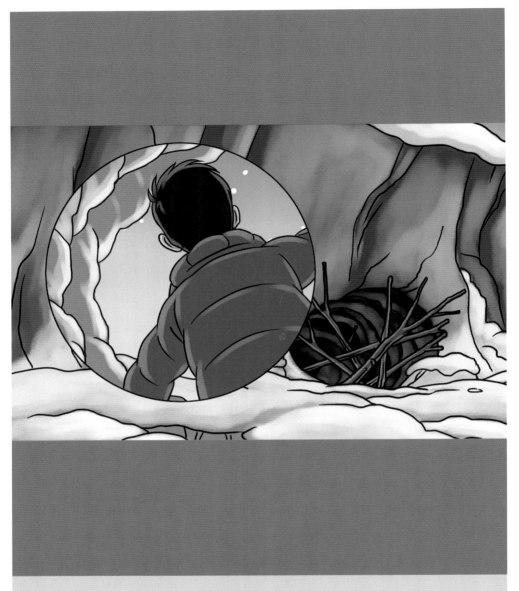

（9）在夜晚，可利用周围环境中的材料搭建可以避寒的雪室，或在雪地上挖一个入口与藏身之处略有弯度的雪洞，最好在洞口用树枝或棉花将其遮掩起来。

　　遇到规模较小的雪崩时，尽可能抓住山坡旁任何牢固的东西，如矗立的岩石、树木等坚固物体。

　　雪崩的速度可达每小时 200 千米，因此径直向山下跑反而更危险，可能很快就被冰雪埋住。

　　奔跑时应向侧下方奔跑，尽量避开雪崩下落方向。

  雪崩速度过快而无法逃脱时，背向雪崩气浪，闭口屏气是唯一选择，这样可以避免气浪的冲击和冰雪涌入呼吸道引起窒息。

  跌倒或翻滚时，尽量让身体浮于雪平面上层，并努力抓住树干或者其他安全的物体。压在身体上的冰雪越少，逃生机会越大。

　　一旦被雪埋住,应尽全力冲出积雪表层,因为雪崩停止数分钟后,碎雪就会凝成硬块,手脚活动困难,逃生难度更大。

　　当流雪开始减速时,努力把一只手伸出雪面,确保呼吸通畅,保持镇定,并设法让救援者发现。

　　如果一时无法破雪而出,双手抱头,尽量营造最大的呼吸空间;同时确定自己的真实上下方位,然后往上方破雪自救。

遇到雪崩时，应果断地将身上的背包、滑雪板及滑雪杖等笨重的物品丢弃。
一旦发现无法自救，连同工具箱一同丢弃，以防在被救援时妨碍你抽身。
如果被困，应尽量减少活动，放慢呼吸，保存体能，当听到有人来时大声呼救。

雪灾互救

灾难面前，我们不仅要自救，更要提倡在力所能及的范围内实现互救。互救的意义是多方面的，此时您是施救者，下一刻可能就是被救者。大灾难面前，互救还能扩大施救队伍，对保护生命、争取宝贵救援时间、降低伤害程度、控制事故范围，均能起到最直接和最重要的作用。

  雪灾发生后，及时拨打 119、120 等救援电话，并向当地政府通报。地方政府和有关单位应立即启动预案，采取措施，控制事态发展，组织开展应急救援工作，并及时向上级报告。

  确保受灾群众基本生活

  （1）通过投亲靠友、借助公房和调运及搭建帐篷（包括简易棚）等方式确保被转移群众有临时住所。

  （2）为受灾群众提供方便面等食物。

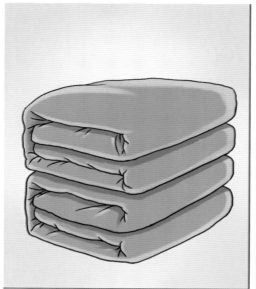

（3）为缺少衣被的受灾群众提供衣被，保障受灾群众的温暖。

（4）保证受灾群众有干净的饮用水。

（5）保证有伤病的受灾群众得到及时的医疗救治。

（6）公安部门要保证转移安置地和灾区的社会治安。

（7）消防与卫生部门要防止灾区发生火灾、疫病等灾害。

（8）地方气象部门要在24小时内向市气象部门报告灾害基本情况。

山林中落入雪坑时的互救措施

（1）在雪中行走时先用树杖在前面探路。

（2）滑雪时严禁离开滑雪道，严禁酒后滑雪。

（3）坠落的瞬间，闭口屏息，以免冰雪涌入咽喉和肺部，引起窒息。

（4）可用树枝、木棍和绳子将同伴拽出雪坑。

（5）如果没有人马上开展营救，如有防水的睡袋应即刻使用以保持体力和体温。

（6）尽量爬到雪的表面。

掉进冰窟的救护措施

　　施救者不得靠近冰窟窿,应远距离在冰层上趴卧,将绳索、救生圈或竹竿等工具探入冰窟,再将人拽上岸。

出现冻伤时的互救措施

（1）撤离寒冷环境后，应对冻伤部位进行复温。当条件允许时，可将冻伤者身上的潮湿衣服脱去，将其冻伤肢体浸入 40～42℃温水中。如果手套、鞋袜与皮肤冻在一起难以分离，则可一起浸入温水中。

（2）复温成功且待冻伤者状态好转后，为其换干爽保暖的衣服，酌情处理皮肤创面。

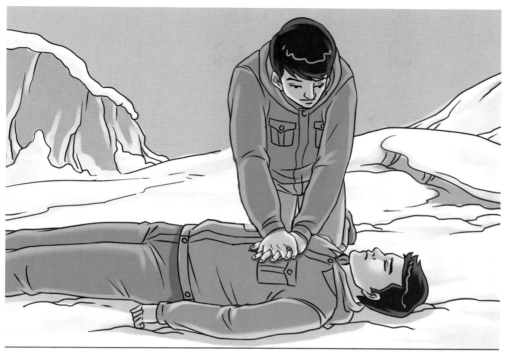

（3）在没有温水的情况下，可将冻肢置于冻伤者的胸腹部及腋下等温暖部位，以使体温恢复。

（4）对于全身冻伤且丧失意识者，应尽快进行心肺复苏。

（5）如果得了雪盲症，可以干净的手帕或者纱布轻轻蒙住眼睛，在恢复前尽量休息，减少用眼时间。

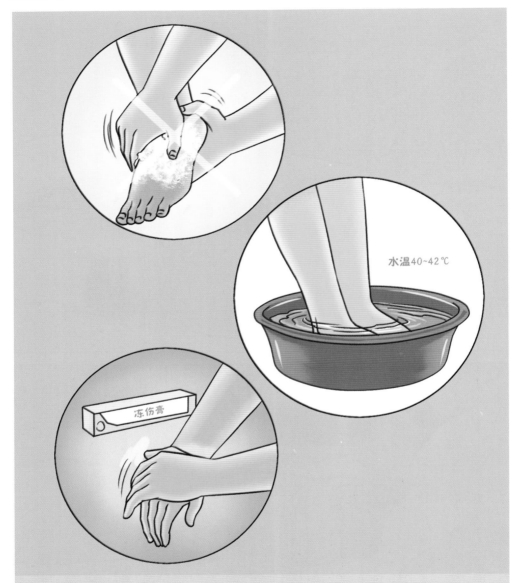

水温40~42℃

冻僵的救护措施

（1）保温、复温是救助冻僵者的关键措施。不可用冷水浸泡或用雪搓，也不宜用火烤，否则会加重冻伤。对全身冻僵者，应在急救的基础上迅速送医院救治。在运送途中，要始终注意为冻僵者保暖。

（2）冻僵者身体复温后，可在局部涂冻伤膏，局部用药应厚涂，每日数次温敷创面。

（3）凡遇全身冻僵者，如呼吸已停止，应立即施行心肺复苏。

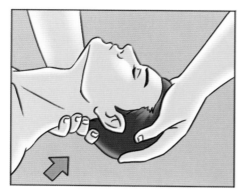
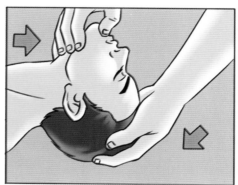

　　如果伤员已失去意识,要保证在温暖的环境下,清除伤员口腔及呼吸道异物,进行心肺复苏。心肺复苏包括心脏按压和人工呼吸,其中人工呼吸的要点如下:
　　(1)施救者位于伤员右侧,右手拖住伤员颈部,左手使伤员头部后仰。
　　(2)施救者左手维持伤员头部后仰位,右手使伤员下颌朝前位。
　　(3)施救者吸入新鲜空气。
　　(4)对伤员口对口吹气,每5秒重复一次,直到其恢复自主呼吸。

探查雪下遇难者

（1）雪崩犬法：雪崩犬可以根据遇难者从雪下散发出来的汗水、呼吸等气味找到其被埋场所。

（2）无线电报、发报机法：主要用来确定遇难者被埋的具体方位。

（3）探棒法。

雪灾后防止传染病的暴发流行

　　雨雪冰冻灾害容易造成车站、机场等公共场所人员滞留,人口密度过大,通常难以保持良好的卫生条件,可能会导致胃肠道和呼吸道等传染性疾病的暴发流行。

　　雪灾期间,疾病预防的主要措施:

　　(1)卫生防疫人员应定时对公共场所、运输工具、餐饮具和饮水等进行预防性消毒。

　　(2)在寒冷环境中睡眠时,要尽可能在各种保暖房屋、车辆、帐篷等中休息,以防冻伤。

　　(3)在帐篷内生炉子的时候要特别提防一氧化碳中毒。

　　俗话说，瑞雪兆丰年。雪，就像白色的地毯，使地面温度不致因冬季的严寒而降得太低，对农作物具有保温作用；雪中含有很多氮化物，融雪时，这些氮化物被融雪水带到土壤中，成为最好的肥料；雪还能冻死害虫。长时间大规模降雪才会积雪成灾，现在的气象科学已经能准确预报降雪，相关机构可及时做好准备，尽量减少雪灾的危害，让降雪更好地为人类社会服务。

图书在版编目（CIP）数据

雪灾 / 周荣斌主编. —北京：人民卫生出版社，2014.5
（图说灾难逃生自救丛书）
ISBN 978-7-117-18735-0

Ⅰ. ①雪… Ⅱ. ①周… Ⅲ. ①雪害－自救互救－图解
Ⅳ. ①P426.616-64

中国版本图书馆 CIP 数据核字（2014）第 046037 号

| 人卫社官网 | www.pmph.com | 出版物查询，在线购书 |
| 人卫医学网 | www.ipmph.com | 医学考试辅导，医学数据库服务，医学教育资源，大众健康资讯 |

图说灾难逃生自救丛书
雪　灾

主　　编：周荣斌
出版发行：人民卫生出版社（中继线 010-59780011）
地　　址：北京市朝阳区潘家园南里 19 号
邮　　编：100021
E - mail：pmph @ pmph.com
购书热线：010-59787592　010-59787584　010-65264830
印　　刷：三河市潮河印业有限公司
经　　销：新华书店
开　　本：710×1000　1/16　　印张：5
字　　数：95 千字
版　　次：2014 年 5 月第 1 版　2019 年 2 月第 1 版第 3 次印刷
标准书号：ISBN 978-7-117-18735-0/R・18736
定　　价：30.00 元

打击盗版举报电话：010-59787491　　E-mail：WQ @ pmph.com
（凡属印装质量问题请与本社市场营销中心联系退换）

08